ort du   Rapport
l. les Commissaires
nés pour examiner
tique de M.ʳ Deblon.
P. 1784.

ort du   Rapport
l. les Commissaires

RAPPORT

DU RAPPORT

DE MM. LES COMMISSAIRES

Nommés par le Roi pour examiner la Pratique de M. Dejlon

SUR LE

MAGNÉTISME ANIMAL,

Par un AMATEUR DE LA VÉRITÉ,

Excité par l'imagination, l'attouchement & l'imitation, & magnétisé par le bon sens & la raison.

Adressé à M. CARITIDES, fils de cet illustre Savant qui avoit conçu l'ingénieux projet de mettre toutes les Côtes du Royaume en Port de mer, actuellement résident au Monomotapa.

A PÉKIN,

Et se trouve A PARIS,

Chez COUTURIER, Imprimeur-Libraire, Quai des Augustins, près l'Eglise.

M. DCC. LXXXIV.

RAPPORT

DU RAPPORT

DE MM. LES COMMISSAIRES

Nommés par le Roi, pour examiner la Pratique de M. Deflon,

SUR LE

MAGNÉTISME ANIMAL.

Oui, Monfieur, je fuis en état de vous faire le rapport de ce célebre rapport des Commiffaires nommés par le Roi, pour faire l'examen du Magnétifme animal pratiqué par M. Deflon. Mais permettez - moi auparavant de vous témoigner ma furprife, que la renommée ait pu en fi peu de temps vous porter la nouvelle de ce rapport. Je n'en reviens point ! Il faut que quelqu'un de nos ballons aéroftatiques ait pénétré jufqu'au Monomotapa pour que vous en ayez reçu la nouvelle en fi peu de temps. Je vous avoue que je n'aurois jamais imaginé que le magnétifme animal ait déjà pénétré dans un pays aulli éloigné que celui du Monomotapa , & qu'il y eût déjà des magnétifeurs qui , à ce que vous m'affurez , y font des merveilles ; & ce qui me furprend encore davantage , c'eft que vous m'affurez qu'ils n'ont effuyé aucunes contradictions de la part de vos Savans, comme dans ce pays-ci , & qu'au contraire tous à l'envie s'y font rendus à l'évidence. Vous n'avez donc chez vous ni médecins ni apothicaires ? Pour chez nous il n'en eft pas de même ; & pour me fervir de l'expreffion de M. Deflon dans fes obfervations fur le magnétifme animal.... *Je ne fais s'il ne feroit pas plus aifé de faire couler les quatre grands fleuves de France dans le même lit, que de raffembler les Savans de Paris pour juger de bonne foi une queftion hors de leurs principes. Et* je crois qu'on pourroit dire de plufieurs de nos Savans ce que le Saint Roi David difoit autrefois dans fes Pfeaumes.... *Os*

*habent & non loquentur ; oculos habent &
non videbunt.* Quoi qu'il en foit, me voilà
prêt à vous rendre compte de ce fameux
Rapport, & vous en dire mon fentiment.
J'entre en matiere.

L'intérêt que je prends à l'homme célebre à qui nous devons cette heureufe
découverte, m'a fait dévorer cet ouvrage.
Je l'ai relu tranquillement, & je crois être
en état de vous en rendre un fidele compte,
& fans aucune partialité, car Dieu merci,
je ne fuis ni médecin, ni apothicaire, encore moins *magnétifeur* ; mais je fuis ami
de la vérité, & je prends avec plaifir la
défenfe de ceux que je crois perfécutés in-
juftement.

Meffieurs les Commiffaires expofent
d'abord la théorie du magnétifme animal.
L'engagement contracté par M. Deflon de
conftater l'exiftence de cette découverte,
de communiquer fes connoiffances fur le
magnétifme animal, & d'en prouver l'utilité, dans la cure des maladies ; les inftru-
mens qui font les réfervoirs ou les conduc-
teurs du fluide magnétique ; la maniere de

l'exciter, de le diriger, d'en augmenter ou diminuer l'influence, *& les effets obfervés fur les malades traités publiquement* (*).

La multiplicité des effets, les malades diftingués qui les éprouvent, la crainte de les fatiguer ou de leur déplaire, femblent aux Commiffaires des obftacles aux épreuves qu'ils étoient dans l'intention de faire. Ils rémarquent que le fluide magnétique n'eft point du tout fenfible à la vue, au tact, ni à l'odorat, & qu'il n'eft poffible d'en conftater l'exiftence que par fon action fur les corps animés, foit par le traitement fuivi des maladies ou par les effets momentanés fur l'économie animale.

Quoique M. Deflon infifta pour que l'on fe fervît par préférence de la premiere de ces deux méthodes, les Commiffaires fe déterminent à n'en faire aucun ufage. Dès-lors fi M. Deflon avoit fait ce qu'il devoit, il de-

____

(*) C'eft juftement ce que ces Meffieurs n'ont pas fait fous un prétexte qui m'a paru d'autant plus mal fondé, que c'étoit là le point décifif de la queftion, & pour l'examen duquel ils avoient été commis.

voit à l'inftant rompre l'affemblée, fe retirer & refufer de fe prêter à tout autre examen, qu'au préalable celui du traitement public des malades n'eut été fait. Leurs motifs doivent paroître infuffifans ; ils fe bornent aux preuves phyfiques , & fe foumettent à tenter fur eux-mêmes les premières expériences.

Ils fe réfervent chez M. Deflon un baquet particulier dans une chambre féparée. On les magnétife de toutes les manieres ; ils ne fentent aucuns effets qui puiffent être attribués au magnétifme animal ; ils trouvent que le traitemeut particulier ôte à cet agent toute fon énergie ; ils recommencent cette épreuve plufieurs jours de fuite , même infenfibilité de leur part , quoique quelques - uns des Commiffaires foient d'une conftitution foible & fujette à des incommodités. Ils concluent que le magnétifme n'a point d'action dans l'état de fanté , & même dans l'état de légeres infirmités , & on fe réfout à faire des épreuves fur des malades. On en raffemble fept de la claffe du peuple ; quatre ne fentent rien ,

A iv

& trois feulement éprouvent des effets.

On en prend quatre d'une claſſe plus diſtinguée ; deux feulement reſſentent des effets. On en éprouve d'autres ; un des Commiſſaires, tourmenté d'une migraine, dont un des ſimptômes eſt de lui glacer les pieds, eſt magnétiſé inutilement ; la chaleur du feu peut feule chaſſer le froid de ſes pieds. Le magnétiſme eſt fans effet. On compare ces expériences , & les Commiſſaires trouvent que les effets reſſentis par les deux malades de la claſſe diſtinguée, peuvent être refuſés au magnétiſme qui n'a eu d'effet que ſur les trois malades de la claſſe du peuple, effet que l'on peut encore attribuer à leur poſition , à leur ignorance , à l'appareil de leur traitement & à leur complaiſance. Ils foupçonnent l'imagination d'avoir part aux effets produits. Ils cherchent non à détruire , mais à conſerver le foupçon.

On fait des nouvelles épreuves fuivant un procédé particulier à M. Jumelin (*) qui

---

(*) Beaucoup de perſonnes demandent ſi c'étoit-là l'objet

déclare n'être ni diſciple de M. Meſmer, ni de M. Deſlon, & qui n'a donc pas leurs principes. Dix perſonnes qui s'y ſoumettent ne ſentent rien, une autre éprouve de la chaleur au viſage, à l'eſtomach, au dos, dans tout le corps & du mal à la tête. On lui bande les yeux, & les effets ne répondent point aux endroits magnétiſés. On lui rend la vue, on lui applique les mains ſur les hypocondres, elle y ſent de la chaleur & ſe trouve mal. Revenue à elle, on lui bande encore les yeux, on lui fait croire qu'elle eſt magnétiſée aux yeux, aux oreilles; elle y ſent de la chaleur, de la douleur, & de la chaleur dans le dos & dans les reins.

Les effets produits par le procédé de M. Jumelin, font conclure que la méthode eſt indifférente, & qu'ils ſont certainement

---

de leur commiſſion? Ce médecin n'eſt éleve ni de M. Meſmer, ni de M. Deſlon. Qui a pu aſſurer MM. les Commiſſaires que ce médecin poſſédoit la pratique du magnétiſme animal? De toute maniere, leurs expériences paroiſſent peu concluantes, & n'influent en rien ſur le magnétiſme animal.

produits par l'imagination ; deux autres expériences confirment ce réſultat.

On cite à cette occaſion M. Sigault qui aſſure avoir produit des émotions ſur pluſieurs perſonnes auxquelles il perſuadoit qu'il faiſoit uſage du magnétiſme.

On ſe propoſe de produire des convulſions par la ſeule imagination. On magnétiſe un arbre. On promene un jeune homme à qui on fait embraſſer pluſieurs arbres non magnétiſés ; au quatrieme il tombe en convulſions , parce qu'on lui avoit dit que cet arbre étoit magnétiſé.

Trois autres expériences confirment ce réſultat ; il eſt encore confirmé par deux autres expériences de la taſſe magnétiſée qui ne fait point d'effet ſur une perſonne qui boit dedans , tandis que cette même perſonne eſt tombée en criſe à l'approche d'une taſſe qu'elle croyoit magnétiſée , & qui ne l'étoit pas.

Une douzieme expérience tendoit à faire perdre la parole à une Demoiſelle. On lui avoit bandé les yeux , mais ſon imagination n'a été fortement ébranlée que quand elle a eu la vue libre , & qu'elle a eu indiqué elle-même l'endroit où la main qui la magnéti-soit , devoit être placée , ce n'eſt qu'alors qu'elle eſt devenue muette. On a éprouvé auſſi les effets du regard, & le réſultat eſt que l'imagination les produit auſſi. Sans l'imagina-tion , dit - on , point d'effets magnétiques. Une quatorzieme expérience faite ſur une Demoiſelle magnétiſée ſans le ſavoir , le prouve ; elle n'a rien ſenti. On l'a engagée à ſe laiſſer magnétiſer , on le fait à contre-ſens , il n'en devoit réſulter aucun effet ; mais après trois minutes elle eſt tombée en criſe ; on fait ceſſer cette criſe en lui diſant qu'il eſt temps de ceſſer , elle le croit. Ce-pendant on continuoit réellement à la ma-gnétiſer , & à poles oppoſés ; elle devoit ſentir les effets les plus violens , & ils ceſſent.

D'après ces expériences , les Commiſ-ſaires croient pouvoir aſſurer que tous les effets du magnétiſme ne ſont dus qu'à l'imagination.

Ils expliquent les effets produits par l'at-touchement ſur le colon , ſur les hypo-

condres ; fur la région épigaftrique. Le
mouvement feul , difent-ils, répété fans
autre agent, peut caufer des évacuations.
Les attouchemens du magnétifme ne font
pas autre chofe , aidés par l'ufage habituel
& fréquent d'un vrai purgatif, la crême de
tartre en boiffon. Le colon eft très-irri-
table par le mouvement qui le fait enfler ,
il communique cette irritation au diaphragme , cette organe entre en convulfion.
Des femmes ont une telle difpofition à
cette irritation, qu'on en a vu, ajoutent les
Commiffaires , auxquelles les plus légers
attouchemens, une forte commotion de l'air,
la furprife caufée par un bruit imprévu ,
fuffifoient pour les faire tomber en fpafme.
Elles ont des crifes fans magnétifme par
la feule irritation du colon & du diaphragme.

Les attouchemens fur l'eftomach y produifent un agacement que l'on prépare en
le comprimant ; il agit fur le diaphragme ,
& lui communique les impreffions qu'il
reçoit. Si l'on preffe les hypocondres des
femmes fenfibles, leur eftomach fe trouve
ferré , elles tombent en foibleffe ; ces ma-

nœuvres pratiquées chez les femmes fur les ovaires, produifent ces accidens à un degré bien plus puiffant, l'influence de lutérus fur l'économie animale eft connue. Le rapport interne de l'inteftin colon de l'eftomach, de lutérus avec le diaphragme, eft une des caufes des effets attribués au magnétifme : les régions de bas-ventre répondent à différens plexus qui y conftituent un véritable centre nerveux qui établit une véritable fympathie, une correfpondance entre toutes les parties du corps, une action & une réaction telles que les fenfations excitées fur ce centre, ébranlent les autres parties du corps ; & réciproquement une fenfation éprouvée dans une partie, ébranle le centre nerveux qui tranfmet cette impreffion à toutes les autres parties.

L'imagination agit fur ce centre nerveux, les affections de l'ame y portent leur premiere impreffion, on a un poids fur l'eftomach, le diaphragme entre en jeu, delà les foupirs, les pleurs, les ris, on éprouve une réaction fur les vifceres du bas-ventre ; c'eft ainfi que l'on peut rendre

[14]

raifon des défordres phyfiques produits par l'imagination ; le faififfement donne la colique, la peur caufe la diarrhée, le chagrin donne la jauniffe.

Les Commiffaires, par une fuite de ce raifonnement, croient que l'imagination déploie fes effets plus en grand dans les traitemens publics ; les impreffions, les mouvemens fe communiquent; on eft induit à imiter ce que l'on voit.

Ainfi, felon eux, l'attouchement, l'imagination, l'imitation, font les vraies caufes des effets que l'on attribue au magnétifme : l'imagination eft la plus puiffante, l'attouchement ébranle, & l'imitation répand les impreffions ; mais ils affurent que l'imagination eft toujours nuifible quand elle produit des effets violens, des convulfions, peuvent devenir habituelles, fe répandre dans les villes, fe communiquer aux enfans ; leur conclufion eft que le fluide magnétique n'exifte pas, & que les moyens employés pour le mettre en action font dangéreux.

Tel eft, Monfieur, le réfultat du travail des Commiffaires nommés par le Roi ; ils ont fenti qu'on leur objecteroit que cette conclufion porte fur le magnétifme en gé-néral, au lieu de porter feulement fur le magnétifme pratiqué par M. Deflon; ils y répondent par une note qui eft à la fuite de leur rapport, mais qui ne paroît pas affez concluante à la plupart des lecteurs. L'intention du Roi a été d'avoir leur avis fur le magnétifme animal. M. Deflon leur a paru inftruit des principes du magnétifme; il poffede les moyens de produire des effets, d'exciter des crifes; fa théorie eft la même que celle de M. Mefmer, imprimée en 1779. M. Mefmer en annonce aujourd'hui une plus vafte; mais, pour décider de l'exiftence & de l'utilité du magnétifme, ils n'ont dû confidérer que les effets, les pratiques; les effets c'eft tout ce qu'il falloit examiner. M. Deflon, ajoutent-ils, difciple de M. Mefmer depuis plufieurs années, a vu les pratiques du magnétifme animal, & les moyens de l'exciter & de le diriger.

Il a traité des malades avec M. Mefmer; il en a traité fous lui, mais avec les mêmes procédés: la méthode de M. Deflon ne peut être que celle de M. Mefmer.

Les effets font les mêmes, les crifes font auffi violentes , auffi multipliées , annoncées par des fymptômes femblables.

Ils n'appartiennent donc point à une pratique particuliere, mais à celle du magnétifme en général ? Les effets obtenus par M. Deflon font dus uniquement à l'attouchement, à l'imagination , à l'imitation. Le magnétifme n'a donc pas d'autre caufe ? Les crifes convulfives ne peuvent être utiles que comme le poifon ; fi on les excitent en public , elles peuvent devenir habituelles, nuifibles & épidemiques , & fe répandre aux générations futures. Ils ont donc dû conclure que les procédés d'une méthode particuliere & ceux du magnétifme en général, pouvoient devenir funeftes.

On ne peut difconvenir que le travail des Commiffaires ne foit fait avec tout l'art poffible & une diction élégante , dont la matière paroiffoit peu fufceptible ; mais l'on y croit découvrir, dès le commencement, que l'on a ôté à M. Deflon les moyens de fatisfaire aux engagemens qu'il avoit contractés avec les Commiffaires.

Ces

Ces engagemens étoient *de conſtater l'exiſtence du magnétiſme animal, de communiquer ſes connoiſſances ſur cette découverte, & de prouver l'utilité du magnétiſme dans la cure des maladies.*

Les Commiſſaires devoient être guidés entierement par M. Deſlon , & ne ſe refuſer à aucun des moyens qu'il croyoit capables d'établir l'exiſtence & l'utilité du magnétiſme ; ils devoient ſe prêter à toutes ſes preuves ; ils n'étoient établis que pour vérifier & pour juger de leur exiſtence & de leur utilité.

Inſtruits des différens moyens d'exciter & de diriger le magnétiſme , ils ont été conduits dans la ſalle du traitement public , ils en ont obſervé les effets , ils en font une longue deſcription , & ſont forcés de reconnoître , à ces effets conſtans , *une grande puiſſance qui agite les malades, qui les maîtriſe , & dont celui qui magnétiſe , ſemble être le dépoſitaire.* C'eſt un terrible aveu (*).

(*) Comment accorderez-vous cet aveu avec la concluſion de leur rapport , où ſelon eux tous les effets ne ſont dus qu'à l'imagination, l'attouchement & l'imitation.

B

Cette falle du traitement public , rempli d'un grand nombre de perfonnes de tout âge , de tout fexe , de toute condition , affligées de diverfes maladies, offroit un vafte champ aux obfervations des Commiffaires ; chacun d'eux pouvoit fe fixer à un malade , conftater fon état actuel , examiner les effets du magnétifme , s'ils étoient conftamment les mêmes fur la même perfonne , ou fur plufieurs dans le même genre de maladie , fi les variations de la température accéléroient ou diminueroient les impreffions du fluide magnétique , & fi la cure de la maladie en étoit avancée ou retardée. Les obfervations des Commiffaires , conftatées chaque jour fur les malades auxquels chacun d'eux feroit attaché , auroient été communiquées à tous les Commiffaires, ils auroient vu les vrais effets de cette méthode fur les maladies , & M. Deflon n'auroit pas à leur reprocher de n'avoir pas voulu fe foumettre à l'examen de tous fes moyens , & conféquemment d'avoir jugé fa méthode fans l'avoir connu en entier.

Un prétexte plus ou moins fpécieux leur

a fait abandonner le traitement public. *C'est,
disent-ils, le crainte de gêner, de déplaire à
des malades distingués, ou d'être gênés eux-
mêmes par leur discrétion ;* ils ont fait ainsi
renoncer aux observations importantes dont
ce traitement public leur auroit fourni une
ample matiere ; ils se sont réservés d'y en-
voyer de loin en loin un d'entr'eux, & il
paroît que la crainte d'abuser de cette ré-
serve a fait qu'ils en ont peu profité.

Pour éviter le reproche que M. Deslon
dont ils sont les juges ; que le Roi qui les
a chargé de sa confiance ; que le public
enfin auroient pu leur faire à ce sujet ; ils
se contentent de dire qu'ils n'ont pu
faire d'expérience au traitement public.
Qu'ayant à examiner l'existence & l'utilité
du magnétisme, leurs observations se bornent à assurer que le fluide magnétique
n'est sensible à aucun de nos sens ; que son
existence ne peut être manifestée que par
son action sur les corps animés ; ce qui ne
peut s'opérer que de deux manieres ; le
traitement suivi des maladies, ou les effets
momentanés sur l'économie animale.

Après avoir abandonné le traitement public des malades, on ne s'attendoit pas que les Commiſſaires renonceroient au traitement particulier qu'ils pouvoient faire. En vain, dit-on, M. Deſlon a-t-il inſiſté pour que l'on employât principalement & preſque excluſivement ce moyen de connoître l'exiſtence du magnétiſme ; les Commiſſaires s'y ſont refuſés nettement. Hé pourquoi! Encore une fois, à ce refus ; M. Deſlon devoit refuſer de paſſer outre & ſe retirer. *L'efficacité des remedes, diſent-ils, a toujours quelqu'incertitude. Si le magnétiſme remplace les remedes, il y a une incertitude de plus, celle de l'exiſtence du magnétiſme. Comment s'aſſurer par le traitement des maladies, de l'action d'un agent dont on conteſte l'exiſtence, lorſque l'on doute de l'effet des médicamens dont l'exiſtence eſt réelle ?*

On pourroit s'en aſſurer par la diverſité des malades ayant le même genre de maladie. Si tous ſe trouvoient guéris, à qui raiſonnablement pourroit-on attribuer la cauſe de la guériſon ? On convient qu'il peut y avoir des germes de maladies que la Nature feule guérit. Mais fi l'on peut mettre toutes les guérifons fur le compte de la nature, nous fommes donc bien dupes de foudoyer une année de médecines & d'apothicaires, dont le génie pourroit être employé plus utilement dans d'autres arts ?

Les Commiffaires ne croyant pas trouver dans la méthode de M. Deflon ce remede unique qu'il annonçoit, ils n'ont fait aucune épreuve de fes moyens comme remede ; ils en ont préféré les effets momentanés. C'eft là où les Commiffaires ont fait ufage du génie qui les a placés avec juftice dans la claffe refpectable des Savans du fiecle. En fe bornant à ces effets momentanés fur différens fujets, prévenus des expériences auxquelles ils alloient être foumis, les uns infiniment fenfibles, & les autres revêtus de l'incrédulité, il leur devenoit facile de rendre ces effets négatifs fur ces derniers, & probatifs fur les autres ; delà naiffoit le moyen de rendre l'imagination la caufe du magnétifme, ou plutôt d'affurer qu'il n'exiftoit pas ; de fa non-exiftence il réfultoit qu'il ne pouvoit guérir les maladies.

Je n'entreprendrai pas de vous dévoiler toute l'adreffe de ce procédé des Commif-faires ; vous la voyez , & vous rendez fans doute à la fagacité de leur génie la juftice qu'elle mérite.

Sans autres réflexions qui pourroient me mener plus loin que je ne veux , je paffe au moment où les Commiffaires ont commencé leurs expériences fur eux-mêmes.

Ils ont fubi le traitement magnétique en particulier ; *cette grande puiffance qu'ils avoient remarquee au traitement public* , s'eft évanouie ; les effets ont été nuls fur eux en fanté , & même dans une circonftance où l'un d'eux , qui s'eft trouvé dans l'accès d'une migraine , avoit un froid exceffif aux pieds ; il n'a pu fe les réchauffer qu'en s'approchant du feu.

Cette nullité leur donne des doutes ; ils effayent le magnétifme fur différens fujets pris dans différentes claffes ; ils femblent perdre de vue la vertu attribuée *au fluide magnétique pour la guérifon des mala-*

dies, ou au moins pour leur soulagement. Ils croient devoir le déprimer, leurs expériences répétées ne tendent plus qu'à ce but. Delà on les voit se livrer à l'examen de la méthode particuliere de M. Jumelin, & lui attribuer les mêmes effets qu'à celle de M. Deslon, quoique les principes n'en fussent pas les mêmes ; ils ne font pas observer si les effets de ces deux méthodes sont plus marqués dans l'une que dans l'autre, si un même sujet sensible à l'une, l'est encore à l'autre & dans le même degré. Remarquent-ils un sujet facile à dérouter, ils s'en emparent, ils multiplient sur lui les épreuves. On diroit qu'un seul fait ou deux les décident à prendre une opinion ; celui de l'arbre magnétisé en est une preuve, celui de la tasse en est une autre ; pourquoi n'ont-ils pas répété ces expériences sur d'autres sujets ? Pourquoi chaque épreuve n'est-elle pas faite alternativement sur des sujets de deux sexes, sur des sujets sains & sur des malades, sur des enfans & sur des adultes, sur des constitutions foibles ou sur des tempéramens

vigoureux ; enfin fur des perfonnes préve-
nues de l'épreuve & fur d'autres non pré-
venues.

Ne nous laiffons point entraîner par la
fineffe du procédé des Commiffaires. Ce
qu'ils nous difent dans leur rapport , paroît
lumineux ; mais on prétend que c'eft une
lumiere *phofphorique* qui ne fe foutient pas ,
& qui les laiffe dans l'obfcurité fur les qualités que M. Deflon attribuoit à fa méthode.
On veut auffi qu'il ne tenoit qu'à eux d'en
fortir , & qu'il en eft fûrement qui en con-
viendroient. Pourquoi tous fe réuniffent-
ils pour conclure d'après des épreuves ainfi
faites , que le fluide magnétique n'exifte
pas ; autant auroit valu nous le dire , fans
nous donner des raifons que l'on eftime ,
quant au fond , être l'opinion particuliere
des Commiffaires ?

Ils pouvoient nous dire également , &
même fans aucun examen , que l'art d'exciter des convulfions par des attouchemens ,
par l'imitation , par l'imagination exaltée ,
étoit dangereux & pouvoit fe propager chez
les générations futures , & devenir épidé-

mique ; on en feroit convenu avec eux fans ces nombreufes épreuves. Ce n'eft donc pas là ce qu'on attendoit d'eux ; ils devoient nous dire fi la méthode de M. Deflon étoit utile ou non, c'étoit là le point douteux fur lequel on vouloit leur avis ; s'ils euffent fait ces épreuves qui devoient leur montrer l'utilité des convulfions pour le foulagement des malades & pour leur guérifon, s'ils euffent vu les accidens des maladies augmentées, les douleurs devenir plus infupportables, les malades mourir, c'eft alors qu'ils euffent pu décider la queftion, & dire que la méthode de M. Deflon étoit dangereufe.

Leur opinion a été telle contre toutes les méthodes du magnétifme ; que quoiqu'ils ne fuffent chargés que de rendre compte de celle de M. Deflon, & qu'ils n'euffent examiné cette méthode que jufqu'à un certain point, ils ont étendu leur décifion fur le magnétifme en général, & jugé M. Mefmer à qui l'on doit cette précieufe découverte.

Je ne me fervirai point, Monfieur,

de l'analogie qui fe rencontre entre M. Mefmer & la plupart des grands hommes qui ont été perfécutés pour avoir découvert de grandes vérités , & pour en avoir enrichi leurs fiecles. Je me tairai également fur les fuccès de M. Mefmer , fur le nombre , les qualités & les connoiffances de fes partifans , de même que fur les obftacles que fes détracteurs lui ont fufcités.

Il y a eu deux traitemens publics des maladies par le magnétifme animal ; l'un pratiqué par M. Mefmer , & l'autre par fon écolier qu'il défavouoit.

M. Deflon crut que fa qualité de Médecin de la Faculté de Paris , lui donneroit plus de facilité que n'en avoit eu M. Mefmer pour fe faire autorifer par le gouvernement ; & que cette autorifation ne laifferoit à M. Mefmer que le frivole honneur de l'avoir découvert. Il fit affembler fa Faculté , & lui demanda des Commiffaires pour examiner fa méthode.

Celle-ci voulut être autorifée par le Roi ; & c'eft à cet effet que le Roi nomma quatre

Médecins pour examiner le magnétifme animal pratiqué par M. Deflon , & que ceux-
ci demanderent cinq membres de l'Académie des Sciences, pour procéder avec eux
à cet examen , ce qui leur fut accordé.

Vous avez vu , Monfieur , comment il
a été procédé à cet examen , & comment
après avoir refufé de faire les épreuves que
propofoit M. Deflon fur le traitement fuivi
des malades , ils fe font reftreints à effayer
la pratique de M. Deflon fur des fujets
ifolés. Vous avez vu la conclufion qu'ils
ont prife contre la pratique de M. Deflon
dont ils n'ont voulu connoître qu'une partie ; convenez que vous ne vous attendiez
pas à la maniere dont ils ont ofé prononcer
fur la méthode de M. Mefmer dont ils n'ont
qu'entendu parler , & fur laquelle ils n'é-
toient pas chargés de porter de jugement.

Ces Meffieurs s'abufent s'ils croient que
la note pour laquelle ils terminent leur rapport , perfuadera le Roi & la Nation.

Le Roi & la Nation voyoient dans la
capitale deux perfonnes adminiftrer le magnétifme animal, l'un depuis fept années ,

l'autre seulement depuis un an ; l'un re-
connu par l'autre pour l'auteur de cette
découverte, & l'autre ambitionnant le titre
de son disciple & de son éleve que le
premier lui refusoit, il étoit naturel que la
bonté paternelle de sa Majesté cherchât
dans ces deux pratiques quelle étoit la véritable. M. Mesmer avoit toujours refusé
des Commissaires, & il avoit de bonnes
raisons pour en agir ainsi ; mais M. Deslon
à qui il importoit de persuader que sa méthode étoit la même que celle de M. Mesmer, pensa que des Commissaires qu'il
auroit lui-même demandé parmi ses con-
freres, seroient crus, & que leur opinion
entraîneroit infailliblement celle des autres
Savans. C'est en effet sur sa demande qu'ils
ont été nommés pour examiner *le magnétisme pratiqué par M. Deslon*. Ils n'ont eu
de commission que pour prononcer sur cette
pratique, ils n'ont éprouvé que la pratique
de M. Deslon ; ils n'ont fait aucun examen
de celle de M. Mesmer. Toute décision
sur une autre pratique que celle de M.
Deslon, sembloit devoir leur être interdite ;

& quoiqu'ils ayent affuré que M. Deflon avoit opéré avec M. Mefmer pendant plufieurs années, qu'ils avoient fuivis enfemble & féparément les mêmes principes , la même doctrine, & qu'ils avoient produit les mêmes effets, ils devoient penfer que la pratique du maître & celle de l'écolier qu'il défavoue , n'étoient pas la même chofe ; on eftime qu'ils ne devoient pas prononcer fur la pratique du maître qu'ils ne connoiffoient que parce que M. Deflon leur avoit dit que c'étoit la même.

Il favoient cependant que M. Mefmer ne le reconnoiffoit pas pour fon difciple. Entre deux perfonnes , dont l'une dit qu'elle en fait autant que l'autre , tandis que l'autre affure que ce qu'elle fait eft très-imparfait , pourquoi les Commiffaires ont - ils une confiance exclufive dans le premier ?

Je ne finirois pas fi je mettois ici tous les pourquoi que peut faire naître le rapport des Commiffaires & la conclufion qu'ils en ont tirée. Il me fuffit de vous dire que fi tous les journaux en ont fait un éloge merveilleux , il exiſte heureuſement des hommes qui ne veulent avoir des choſes qu'une eſtime ſentie. Je ſuis de ce nombre ; j'ai vu les propos flatteurs des journaliſtes ; j'ai voulu voir s'ils étoient mérités ; j'ai lu le rapport & ſa concluſion , & je ne doute pas que la déciſion qu'il contient , ne ſoit proſcrite au tribunal de tous ceux que , d'après M. Meſmer , le bon ſens & la raiſon magnétiſeront. Au ſurplus vous en jugerez vous - même , car je vous enverrai un exemplaire par le premier ballon aéroſtatique qui partira pour le Monomotapa , ce qui ne ſera pas long ; car du train que vont les choſes , j'eſpère qu'avant qu'il ſoit peu il y aura des ballons prêts à partir pour les pays les plus éloignés , comme il y a des voitures publiques pour les différentes provinces. En attendant , donnez - moi de vos nouvelles ſouvent ; & ſi vous voulez m'obliger , vous m'en donnerez des progrès du magnétiſme au Monomotapa , & ſur-tout une deſcription des mœurs, des coutumes & de la religion du pays. Vous m'avez donné une très-grande opinion des peuples avec lesquels vous vivez, en me disant *que la precieuse découverte de M. Mesmer n'y a souffert aucune contradiction , & que vos Savans s'y sont rendus à l'évidence.* Ici ce n'est pas de même, on y dispute, on y cabale contre toutes les nouvelles découvertes , & ce n'est qu'après des siecles qu'enfin on se rend à l'évidence ; mais ordinairement l'inventeur n'a pas la satisfaction de jouir de l'honneur de sa découverte ; on le tracasse , on le tourne en ridicule , & tout cela se fait néanmoins par un bon motif ; car il faut convenir qu'il y a souvent du danger d'être trop crédule ; mais aussi sous ce prétexte - là il ne faut pas pousser les choses à l'extrême , & se laisser emporter par des vues particulieres ; & c'est malheureusement ce qui n'arrive que trop souvent en Europe. Quoi qu'il en soit , je ne troquerois pas mon pays pour le vôtre ; chez nous on vit tranquillement & fort à son aise avec toutes les commodités de la vie , pourvu qu'on soit riche , & que sur-tout on ne se mêle d'autre chose qùe de boire , manger , dormir. Quand on n'eſt pas riche , avec un peu d'induſtrie , & qu'on n'eſt pas bien ſcrupuleux, on y trouve mille moyens de s'enrichir. Au lieu que chez vous, comme on ſe leve on ſe couche , & je doute qu'il y ait autant de reſſources que chez nous. D'ailleurs je n'oſerois pas faire , ſi j'y étois , un pas dans la campagne , j'aurois toujours peur de me trouver nez à nez avec vos lions , vos tigres & vos pantheres. Au moins ſi nous en rencontrons quelquefois dans notre pays , ils y ſont plus rares , & quoique chez nous ils ayent la figure humaine, il eſt poſſible de s'en garantir, en y prenant garde.

J'ai l'honneur d'être , &c.

POST SCRIPTUM.

Depuis ce rapport , Meſſieurs les Commiſſaires en ont fait l'expoſition à Meſſieurs de l'Académie Royale des Sciences, & vous devez bien penſer que ces Meſſieurs

ont

ont approuvé le rapport. Cela étoit dans l'ordre & de la politique scientifique.

On assure que Messieurs de la Faculté de Médecine, de leur côté, ont rendu un décret par lequel ils ont déclaré Hérétiques tous Médecins de la Faculté, qui feroient usage du magnétisme animal, & en conséquence ils ont rayé du tableau tous ceux qui ne signeroient pas un formulaire dressé à cette occasion. Et plusieurs en effet qui n'ont pas voulu le signer, ont été rayés du tableau. Vous comprenez bien que cela étoit encore dans l'ordre & dans la politique scientifique & hypocratique. Il me semble voir la primitive église se divisant en Schismatiques, Ariens, Luthériens, Calvinistes, &c. s'anathématisant réciproquement, & se déclarant mutuellement Hérétiques; & malgré tout, avoir chacun grand nombre de sectateurs qui, pour soutenir leurs opinions, répandirent beaucoup de sang dans les premiers temps, & qui insensiblement sont devenus assez raisonnables pour vivre tous ensemble, quoiqu'en se détestant. Il en arrivera de même de la secte hypocratique

C

[34]

& de la fecte mefmérienne. Les Savans, à
force de s'égofiller, à crier pour ou contre,
s'en roueront, & feront forcés de fe taire.
Ainfi foit-il.

F I N.